天气奥秘我知道点读版

云

天气的线索

[美] 贝琳达 · 詹森 / 著　[美] 勒尼 · 库里拉 / 绘
邓 峰 / 译

中信出版集团 | 北京

献给我所有的朋友，是你们让我既能脚踏实地，又能心怀梦想。献给我最亲爱的莫妮卡，你总能逗我开心，给我生活中的每一天都带来阳光。——贝琳达 · 詹森

献给所有和我一样，喜欢把云画成动物的人。——勒尼 · 库里拉

图书在版编目（CIP）数据

云：天气的线索 /（美）贝琳达·詹森著；（美）勒尼·库里拉绘；邓峰译. -- 北京：中信出版社，2019.3（2023.7重印）
书名原文：Weather Clues in the Sky: Clouds
ISBN 978-7-5086-8470-3

Ⅰ. ①云… Ⅱ. ①贝… ②勒… ③邓… Ⅲ. ①云－少儿读物 Ⅳ. ①P426.5-49

中国版本图书馆 CIP 数据核字（2017）第 309092 号

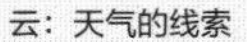

云：天气的线索

著　　者：［美］贝琳达 · 詹森
绘　　者：［美］勒尼 · 库里拉
译　　者：邓　峰
出版发行：中信出版集团股份有限公司
（北京市朝阳区东三环北路 27 号嘉铭中心　邮编　100020）
承 印 者：当纳利（广东）印务有限公司

开　　本：889mm × 542mm　1/16　　印　　张：1.5　　字　　数：20千字
版　　次：2019年3月第1版　　印　　次：2023年7月第10次印刷
京权图字：01-2016-7061
书　　号：ISBN 978-7-5086-8470-3
定　　价：15.80元

出　　品：中信儿童书店
图书策划：知学园
策划编辑：潘　婧　　责任编辑：曹红凯　　营销编辑：王姜玉珏　李雅希
特约编辑：栾绍森　李　月　　封面设计：佟　坤　　内文排版：李艳芝

服务热线：400-600-8099
网上订购：zxcbs.tmall.com
投稿邮箱：author@citicpub.com

目 录

第一章

足球赛

贝儿擦了擦脑门上的汗说："天气太热了，但愿我们能坚持到决赛。"

贝儿的表弟迪伦抬头看了看天，说：“出太阳总比有云好。有云就可能有雨，那足球赛可就踢不成了！”

“要是那样就太糟了！”科迪说，“就像上次比赛，一开始是多云，然后就是打雷，最后我们只能回家了。”

“现在天上的那些不是风暴云，伙计们。”贝儿说，“来，我告诉你们，只要知道天气是怎么回事，就不会觉得它有多神秘了！”

莉莉正在一旁用彩色粉笔画画，贝儿把大家带到她那儿。“有什么事吗？”莉莉问。

“我们担心下雨就踢不了球了，”科迪说，“但是懂天气的女孩贝儿说不会的，她要给我们解释一下为什么。”

有时候，飞机飞过也会形成云。这种长而薄的云叫飞机云。

第二章
云的形成

“地表空气变热时，就会上升，”贝儿说，“同时携带着来自湖泊、河流以及海洋的水分。”

迪伦笑了起来：“没准儿还有我们运动衣上的汗水！”

水 循 环

水滴或冰晶

水汽上升

降水

“空气上升时会变冷，”贝儿说，“在细小的尘埃周围形成水滴。如果空气上升得足够高，就会形成冰晶。这些水滴或冰晶会变成云。”

“尽管云形成的方式都一样，却有不同的外观。”贝儿接着说。

迪伦指着天空：“看，这片云像海豚，那片像老鹰。”

贝儿笑了:“我的意思是，不同种类的云有不同的外观。有些云在高空形成，有些则在较低的空中形成。有些云鼓鼓的，有些却是平平的。这些可都是判断天气的线索！”

第三章
云的种类

贝儿拿起了一根粉笔。“你看，今天的云又薄又透明，而且挂在天空的高处。这种云叫卷云。”

“卷云能告诉我们什么呢？”迪伦问，“我们能通过它知道比赛的输赢吗？”

“云没法告诉我们这个。”贝儿说，“不过它们说，今天会是个好天气！”

莉莉在路面上画了一些形状鼓鼓的白云。“如果云朵像个大棉球，会是什么天气呢？”她问道。

“如果云像海龟，又会是什么天气呢？”科迪给莉莉画的一朵云上加了一个头和几只脚。

“这种形状的云是积云，”贝儿说，“只要这些云不是特别高大，通常都意味着好天气。”

“但是有时积云会长得非常高，变成颜色很深的积雨云。”贝儿补充说。

迪伦给莉莉画的云涂上颜色，变成了又高又大的灰色云。“是不是就像这种怪兽云？有这种云就会出现雷雨，对吗？我讨厌雷雨！”

积雨云呈现深灰色，是因为它们含有很多水。

贝儿点点头。科迪举起双手，将手指张开："嗷！小心，积雨云来啦！"

“有时候天空看上去就像披了一条灰毯子，”科迪说，“那是什么云？”

“出现在低空、扁平的云叫层云，”贝儿说，“潮湿的空气缓慢上升，就会形成层云。它们出现的时候，可能会有小雨或小雪。”

太阳升起后，气温升高，层云经常会逐渐消散。

第四章

比赛开始了！

“嘿，蛐蛐队，”教练喊道，“准备上场了！”

“比赛开始了，没有暴风雨。你说对了，贝儿，”迪伦说，“只要能看懂云的线索，就不会觉得天气有多神秘了！”

“你已经懂了，”贝儿说，“继续关注明天的天气吧，**因为天气一天一个样儿！**不过现在是比赛时间，冲啊，蛐蛐队！”

小实验：做一朵云

你需要：

一个干净的大广口瓶

一盒火柴。需要由一位成年人划着并拿住火柴

一个容积约为 4 升的封口袋，里面装上冰

做法：

1. 在广口瓶中装入三分之一的热水。水会把瓶子里的空气加热，升起雾来。

2. **注意：必须由成年人做这一步！** 成年人划着一根火柴，将其在瓶口上方举几秒钟。之后可以把火柴扔进瓶中熄灭。

3. 立刻把冰袋放在瓶子上。瓶中的热空气上升，在冰袋附近冷却，然后下降。这就形成了一个水循环过程。你马上就会看到有云开始形成了。

4. 大约 1 分钟后，把冰袋拿走，云就会从瓶子里升起来了。你是一名造云师啦！

词汇表

飞机云：在飞机后面形成的长而薄的云。

水汽：呈气态的水。

卷云：由冰晶构成的薄薄的高云。

积云：潮湿空气快速上升形成的形状鼓鼓的云。

积雨云：一种形状高大的云，经常会带来雨和风暴。

雷雨：一种夹杂着闪电和雷声的雨。

层云：低空中形状扁平的云，好像要把天空都盖住似的。

延伸阅读

书籍

Hall, Katharine. *Clouds: A Compare and Contrast Book.*（《云》）Mount Pleasant, SC: Arbordale, 2014.
通过对照书中的照片，可以比较不同种类的云。

Lawrence, Ellen. *What Are Clouds?*（《云是什么？》）New York: Bearport, 2012.
这本书内容十分翔实，从中可以学习到更多有关云的知识。

Paul, Miranda. *Water Is Water: A Book about the Water Cycle.*（《水就是水》）New York: Roaring Brook Press, 2015.
在这本书中，可以读到更多关于云和水循环的知识。

相关网站

PBS 教育传媒：云和天气
http://www.pbslearningmedia.org/resource/evscps.sci.life.clouds/clouds-and-weather/
这个网站上有一部视频，从中可以学习更多有关云的知识。

酷学：在线云图表
http://science-edu.larc.nasa.gov/SCOOL/cldchart.html
点击云的照片，就可以查看每种类型的云的范例。

孩子们的天气网站：云
https://scied.ucar.edu/webweather/clouds
访问这个网站，可以学到更多云的知识，还可以玩一个和云有关的配对小游戏。

只要知道天气是怎么回事，
你就不会害怕了！
LERNER
SOURCE
你还可以登录 www.lerneresource.com，免费下载有关本书的其他资料，学习更多知识。